Hommage de gratitude et de respect
offert par l'Auteur
à Monsieur le Conseiller d'État Bellart
Commandeur de l'Ordre Royal de la Légion d'Honneur
Procureur Général près la Cour Royale de Paris
A. C.

MÉMOIRE

SUR DIVERS POINTS D'ANALYSE

PAR GUILLAUME LIBRI

TURIN, 1823.
IMPRIMERIE ROYALE.

MÉMOIRE

SUR DIVERS POINTS D'ANALYSE

PAR GUILLAUME LIBRI.

Lu dans la Séance du 14 juillet 1822.

Introduction.

Ce mémoire est divisé en cinq articles. Le premier a pour objet la transformation des fonctions. On sait que M. Fourier a découvert des formules très-élégantes à l'aide desquelles ils obtient les expressions

$$d^n\varphi(t),\ \Delta^n\varphi(t),\int^n\varphi(t)dt^n,\Sigma^n\varphi(t),$$

par les intégrales définies ; mais il n'a pas encore démontré ses formules que nous connaissons seulement par la note qu'il a communiquée à M. Lacroix. Nous donnons ici des formules très-simples de transformation en sommant par le théorême de M. Parseval la série de Taylor, et nous trouvons ensuite des formules qui représentent

$$d^n\varphi(t),\ \ \Delta^n\varphi(t),\ \ \int^n\varphi(t)dt^n,\ \ \Sigma^n\varphi(t).\ (*)$$

(*) Après avoir trouvé nos formules nous avons vu dans le 18.e cahier du Journal de l'école polytechnique un mémoire de M. Poisson, où cet illustre

Enfin on applique ces formules à la série de Lagrange et à d'autres exemples, et on donne une nouvelle expression pour $\Sigma\varphi(t)$.

Lorsque on a l'équation différentielle

$$dy=\varphi(x)dx$$

on cherche tout-de-suite

$$y=\int\varphi(x)dx,$$

mais pour que cette dernière intégration soit possible, il faut que l'intégrale

$$F(x, y, a)=0$$

de la première équation soit telle que l'on puisse exprimer en termes finis la valeur de y en x tirée de l'intégrale particulière

$$F(x, y, 0)=0,$$

et alors on aura

$$y=\psi(x)=\int\varphi(x)dx:$$

si cela est impossible nous aurons fait une hypothèse trop bornée, et l'intégrale particulière de l'équation

$$dy=\varphi(x)dx$$

devra être exprimée par une équation transcendante et on

Auteur donne des formules pour la transformation des fonctions; cependant comme notre analyse et nos expressions sont très-différentes de celles de ce grand géomètre, qui sont vraies seulement pour les valeurs réelles des variables tandis que les notres subsistent même lorsque la variable est imaginaire, et que d'ailleurs celles-ci nous seront nécessaires dans le cours de ce mémoire, nous avons cru pouvoir les exposer ici.

ne pourra pas intégrer en termes finis la formule $\int \varphi(x)dx$, quoiqu'on puisse intégrer l'équation

$$dy = \varphi(x)\,dx.$$

C'est de ce principe que nous sommes partis pour démontrer dans le second article de ce mémoire qu'il y a des formules différentielles dont on ne saurait pas trouver l'intégrale en termes finis.

Dans le troisième article nous donnons un développement nouveau du polynome par lequel on obtient un coëfficient quelconque sans recourir à ceux qui le précédent ; on a cherché long-tems ce développement, mais il nous semble qu'on n'avait pas encore trouvé une formule qui en montrât la loi par avance, cependant il était très-facile de l'avoir, et il n'y avait qu'à écrire à rebours la série qu'on obtient ordinairement. Nous appliquons la formule du polynome aux diviseurs des nombres; nous obtenons les conditions de divisibilité, et, après avoir rapporté la relation découverte par Euler entre les sommes des diviseurs des nombres, nous en déduisons encore quelques nouvelles formules pour exprimer ces fonctions numériques.

Les fonctions circulaires ont beaucoup de rapport avec l'analyse numérique: on connait les découvertes de M. Gauss sur cet article. En partant d'une propriété de l'équation $x^m - 1 = 0$, remarquée d'abord par Lagrange, nous obtenons dans le quatrième article une intégrale aux différences qui exprime la somme des diviseurs d'un nombre: de là nous déduisons de nouvelles propriétés des nombres premiers, et enfin nous réduisons nos expressions à des intégrales définies.

Le cinquième article est consacré à la théorie des nombres en général.

L'analyse numérique est tout-à-fait isolée des autres parties des mathématiques : ses méthodes sont très-particulières, et ne réussissent que dans très-peu de cas. Nous avons cherché à trouver une méthode générale et uniforme qui renferme toutes les questions qu'on peut se proposer sur les nombres premiers.

Lorsqu'on a une équation à résoudre en nombres rationnels, le problème n'est indéterminé que parceque on ne traduit pas en analyse les conditions nécessaires, et que l'on s'en tient à la première qui exprime les relations existantes entre les variables : si toutes les conditions étaient exprimées, le problème serait toujours plus que déterminé puisqu'on aurait une équation de plus du nombre des inconnues : en effet si l'équation à laquelle on doit satisfaire en nombres entiers est

$$\varphi\left(\frac{x}{y}, \frac{z}{u}, v, r, \text{etc.}\right)=0$$

on aura par la condition que x, y, z, u etc. soient des nombres entiers

$$\text{sin. } x\pi=0,$$
$$\text{sin. } y\pi=0,$$
$$\text{sin. } z\pi=0,$$
$$\text{sin. } u\pi=0,$$
etc.

et les nombres des équations surpassera d'une unité le nombre des inconnues.

Si l'on pouvait éliminer parmi ces équations toutes les autres variables, on aurait deux équations en x qui devraient s'accorder entre elles et qui nous donneraient la valeur de x et par consequent celles des autres inconnues; mais comme cette élimination ne semble pas possible dans l'état actuel de l'analyse, il faut chercher à représenter les conditions nécessaires par une fonction unique qui soit la même pour toutes les équations indéterminées en général sans qu'il soit besoin de connaître les coefficiens numériques: car il est certain que les solutions qu'on obtient sont des fonctions de ces coefficiens en général.

Nous donnons pour cet objet des intégrales aux différences qui suffisent pour exprimer le nombre et la somme des racines entières d'une équation indéterminée quelconque, et comme par les formules de l'article second on peut trasformer les intégrales aux différences en intégrales définies aux différentielles, on peut aussi représenter les solutions des équations indéterminées par des intégrales définies.

Nous terminons l'article cinquième en exposant une formule qui exprime exclusivement tous les nombres premiers

La méthode dont nous donnons ici un leger apperçu fournit des formules très-générales pour la théorie des nombres, mais dans l'état actuel de la science elle doit paraître presque un objet de pure curiosité à cause des grandes difficultés qu'on rencontre en voulant l'appliquer aux cas particuliers; cependant comme c'est la seule qui ramène les questions d'analyse indéterminée à l'analyse algébrique, nous avons cru qu'il n'était pas tout-à-fait inutile de la faire connaître à présent, nous réservant à exposer dans un autre mémoire les applications et les perfectionnemens dont elle est susceptible.

ARTICLE PREMIER.

Formules générales pour transformer les fonctions.

Étant données les deux suites

$$\varphi(x+y)=\varphi(x)+y\,\frac{d.\varphi(x)}{dx}+\frac{y^2}{1.2}\,\frac{d^2\varphi(x)}{dx^2}+\text{etc.}$$

$$\frac{1}{1-\frac{t'}{y}}=1+\frac{t'}{y}+\frac{t'^2}{y^2}+\text{etc.}$$

nous aurons par un théorème de M. Parseval

$$\varphi(x+t')=\varphi(x)+t'\,\frac{d.\varphi(x)}{dx}+\frac{t'^2}{1.2}\,\frac{d^2\varphi(x)}{dx^2}+\text{etc.}$$

$$=\frac{1}{2\pi}\int\left(\frac{\varphi\left(x+e^{u\sqrt{-1}}\right)}{1-\frac{t'}{e^{u\sqrt{-1}}}}+\frac{\varphi\left(x+e^{-u\sqrt{-1}}\right)}{1-\frac{t'}{e^{-u\sqrt{-1}}}}\right)du$$

en intégrant entre les limites

$$u=0\ ,\ u=\pi.$$

Si l'on fait $t'=t-x$ on obtiendra

$$\varphi(t)=\frac{1}{2\pi}\int\left(\frac{\varphi\left(x+e^{u\sqrt{-1}}\right)}{1+\frac{x}{e^{u\sqrt{-1}}}-\frac{t}{e^{u\sqrt{-1}}}}+\frac{\varphi\left(x+e^{-u\sqrt{-1}}\right)}{1+\frac{x}{e^{-u\sqrt{-1}}}-\frac{t}{e^{-u\sqrt{-1}}}}\right)du$$

x étant une quantité qui doit s'évanouir d'elle-même et telle que $\varphi(t)$ puisse être développée suivant les puissances ascendantes de $(t-x)$. Si donc l'on pourra développer cette fonction par les puissances de t l'on aura

$$\varphi(t)=\frac{1}{2\pi}\int\left(\frac{\varphi(e^{u\sqrt{-1}})}{1-\frac{t}{e^{u\sqrt{-1}}}}+\frac{\varphi(e^{-u\sqrt{-1}})}{1-\frac{t}{e^{-u\sqrt{-1}}}}\right)du.$$

La transformation que nous avons obtenue et par laquelle on transporte les propriétés de la fonction $\frac{1}{1-at}$ à l'autre quelconque $\varphi(t)$, peut servir à une infinité d'usages: cependant avant de l'appliquer il nous sera utile de l'exprimer par une double intégrale.

En intégrant entre les limites $u=0$, $u=-\infty$, l'on a

$$\int e^{au}du=\frac{1}{a}$$

et partant

$$\varphi(t)=\frac{1}{2\pi}\int dy\int du\left\{\begin{array}{l}\varphi\left(e^{y\sqrt{-1}}+x\right)e^{(1+xe^{-y\sqrt{-1}})u}e^{-te^{-y\sqrt{-1}}u}\\+\varphi\left(e^{-y\sqrt{-1}}+x\right)e^{(1+xe^{y\sqrt{-1}})u}e^{-te^{y\sqrt{-1}}u}\end{array}\right\}$$

les intégrations étant effectuées entre les limites

$u=0$, $u=-\infty$,

$y=0$, $y=\pi$.

À l'aide de cette formule l'on aura

$$\Delta^n\varphi(t)=\frac{1}{2\pi}\int dy\int du\,\varphi\left(e^{y\sqrt{-1}}+x\right)e^{(1+xe^{-y\sqrt{-1}})u}e^{-tue^{-y\sqrt{-1}}}\left(e^{-ue^{-y\sqrt{-1}}\Delta t}-1\right)^n$$
$$+\frac{1}{2\pi}\int dy\int du\,\varphi\left(e^{-y\sqrt{-1}}+x\right)e^{(1+xe^{y\sqrt{-1}})u}e^{-tue^{y\sqrt{-1}}}\left(e^{-ue^{y\sqrt{-1}}\Delta t}-1\right)^n.$$

$$\frac{d^n.\varphi(t)}{dt^n}=\frac{1}{2\pi}\int dy\int du\varphi\left(e^{y\sqrt{-1}}+x\right)e^{(1+xe^{-y\sqrt{-1}})u}e^{-tue^{-y\sqrt{-1}}}\left(\frac{-u}{e^{-y\sqrt{-1}}}\right)^n.$$

$$+\frac{1}{2\pi}\int dy\int du\varphi\left(e^{-y\sqrt{-1}}+x\right)e^{(1+xe^{y\sqrt{-1}})u}e^{-tue^{y\sqrt{-1}}}\left(\frac{-u}{e^{-y\sqrt{-1}}}\right)^n.$$

$$\Sigma^n\varphi(t)=\frac{1}{2\pi}\int dy\int du\varphi\left(e^{y\sqrt{-1}}+x\right)e^{(1+xe^{-y\sqrt{-1}})u}e^{-tue^{-y\sqrt{-1}}}\left(e^{-ue^{-y\sqrt{-1}}\Delta t}-1\right)^{-n}$$

$$+\frac{1}{2\pi}\int dy\int du\varphi\left(e^{-y\sqrt{-1}}+x\right)e^{(1+xe^{y\sqrt{-1}})u}e^{-tue^{y\sqrt{-1}}}\left(e^{-ue^{y\sqrt{-1}}\Delta t}-1\right)^{-n}.$$

$$\int^n\varphi(t)dt^n=\frac{1}{2\pi}\int dy\int du\varphi\left(e^{y\sqrt{-1}}+x\right)e^{(1+xe^{-y\sqrt{-1}})u}e^{-tue^{-y\sqrt{-1}}}\left(\frac{-e^{y\sqrt{-1}}}{u}\right)^n$$

$$+\frac{1}{2\pi}\int dy\int du\varphi\left(e^{-y\sqrt{-1}}+x\right)e^{(1+xe^{y\sqrt{-1}})u}e^{-tue^{y\sqrt{-1}}}\left(\frac{-e^{-y\sqrt{-1}}}{u}\right)^n.$$

en intégrant toujours entre les limites

$$u=0,\ u=-\infty.$$

$$y=0,\ y=\pi.$$

On voit que dans les deux dernières formules nous avons omis les constantes.

Les expressions que nous avons obtenues sont susceptibles d'une infinité d'applications. En considérant par exemple la formule

$$\Sigma\frac{d^{n-1}\,\overline{\varphi(a)}^n}{1.2.3\ldots.n}$$

l'on poura résoudre l'équation

$$v=a+\varphi(v)$$

et l'on aura

$$v=\frac{\frac{1}{2\pi}\int dy\int du\int dz\,\frac{e^{z\varphi(e^{y\sqrt{-1}}+x)ue^{y\sqrt{-1}}u}\,e^{(1+xe^{y\sqrt{-1}})}\,e^{-aue^{y\sqrt{-1}}}}{ue^{y\sqrt{-1}}z(z-1)}}{\int\frac{dze^z}{z^2}}$$

$$+\frac{\frac{1}{2\pi}\int dy\int du\int dz\,\frac{e^{z\varphi(e^{-y\sqrt{-1}}+x)ue^{-y\sqrt{-1}}}\,e^{(1+xe^{-y\sqrt{-1}})}\,e^{-aue^{-y\sqrt{-1}}}}{ue^{-y\sqrt{-1}}z(z-1)}}{\int\frac{dz\;e^z}{z^2}}$$

en intégrant entre les limites

$$y=0\,,\;y=\pi$$
$$u=0\,,\;u=-\infty$$
$$z=0\,,\;z=-\infty.$$

Cette formule est beaucoup moins simple que celle trouvée par M. Parseval, mais nous l'avons donnée pour montrer comment on pouvait sommer la suite de Lagrange directement avec nos formules.

De même pour la série

$$1+\frac{1}{3}+\frac{1}{7}+\frac{1}{15}\ldots\ldots+\frac{1}{2^n-1}\,,$$

nous aurons

$$\Sigma\frac{1}{2^n-1}=\frac{1}{2\pi}\int dy\int du\,\frac{e^{(1+xe^{-y\sqrt{-1}})u}\,e^{-tue^{-y\sqrt{-1}}}\left(e^{-ue^{-y\sqrt{-1}}}-1\right)^{-1}}{2^{e^{y\sqrt{-1}}+x}-1}$$

$$+\frac{1}{2\pi}\int dy\int du\,\frac{e^{(1+xe^{y\sqrt{-1}})u}\,e^{-tue^{y\sqrt{-1}}}\left(e^{-ue^{y\sqrt{-1}}}-1\right)^{-1}}{2^{e^{-y\sqrt{-1}}+x}-1}\,;$$

les intégrations étant effectuées depuis $y=0$ jusqu'à $y=\pi$, et depuis $u=0$, jusqu'à $u=-\infty$.

Il est inutile de multiplier ces exemples, et nous terminerons cet article en exposant une nouvelle expression de $\Sigma\varphi(x)$ qui peut être utile quelque fois;

$$\Sigma\varphi(x)=\frac{1}{2\pi}\int du\int dz\,\varphi(e^{u\sqrt{-1}}+x)z^{e^{u\sqrt{-1}}}\left(\frac{1-z^x}{1-z}\right)e^{-u\sqrt{-1}}$$

$$+\frac{1}{2\pi}\int du\int dz\,\varphi(e^{-u\sqrt{-1}}+x)z^{e^{-u\sqrt{-1}}}\left(\frac{1-z^x}{1-z}\right)e^{u\sqrt{-1}}$$

en intégrant entre les limites

$$z=0,\ z=1,$$
$$u=0,\ u=\pi.$$

ARTICLE SECOND.

Sur l'impossibilité d'intégrer quelques formules différentielles en termes finis.

Si l'on cherche l'aire z de la courbe dont x étant l'abscisse, l'ordonnée est exprimée par le rapport des deux intégrales définies

$$\frac{\int\frac{du}{u-e^x e^u}}{\int\frac{e^u du}{u^2}}$$

prises entre les limites $u=0$, $u=-\infty$, on aura

$$z=\int\left(\frac{\int\frac{du}{u-e^x e^u}}{\int\frac{e^u du}{u^2}}\right)dx\,;$$

nous démontrerons qu'il est impossible d' obtenir cette intégrale en termes finis, ainsi il faudra prendre l'équation différentielle

$$\frac{dz}{dx}=\frac{\int\frac{du}{u-e^{x}e^{u}}}{\int\frac{e^{u}du}{u^{2}}}:$$

en développant le second membre nous aurons

$$\frac{dz}{dx}=\frac{\int\left(\frac{1}{u}+\frac{e^{x}e^{u}}{u^{2}}+\frac{e^{2x}e^{2u}}{u^{3}}\;.\;.\;.\;.\;.\;+\frac{e^{nx}e^{nu}}{u^{n+1}}+\text{etc.}\right)du}{\int\frac{e^{u}du}{u^{2}}},$$

mais on sait d'ailleurs que

$$\frac{x^{n}}{1.2.3....n}=\frac{\int\frac{e^{ux}du}{u^{n+1}}}{\int\frac{e^{u}du}{u^{2}}}$$

ou, ce qui est la même chose

$$\frac{n^{n}}{1.2.3....n}=\frac{\int\frac{e^{un}du}{u^{n+1}}}{\int\frac{e^{u}du}{u^{2}}},$$

donc en substituant ces valeurs nous aurons

$$\frac{dz}{dx}=1+e^{x}+\frac{2^{2}e^{2x}}{1.2}+\frac{3^{3}e^{3x}}{1.2.3}\;.\;.\;.\;.\;.+\frac{n^{n}e^{nx}}{1.2.3....n}+\text{etc}$$

et en intégrant

$$z=x+e^{x}+\frac{2^{1}e^{2x}}{1.2}+\frac{3^{2}e^{3x}}{1.2.3}\;.\;.\;.\;.\;.+\frac{n^{n-1}e^{nx}}{1.2.3....n}+\text{etc.}$$

Or cette dernière suite représente la valeur de z prise de l'équation

$$z=x+e^{z}$$

par le théorême de *Lagrange* ; donc l'équation

$$\frac{dz}{dx}=\frac{\int\frac{du}{u-e^{x}e^{u}}}{\int\frac{due^{u}}{u^{2}}}$$

a pour intégrale particulière

$$z=x+e^{z},$$

et puisque cette équation n'est pas résoluble par rapport à z, on ne pourra pas intégrer la formule

$$\int\left(\frac{\int\frac{du}{u-e^{x}e^{u}}}{\int\frac{due^{u}}{u^{2}}}\right)$$

en termes finis. On ne pourra pas même avoir la valeur de

$$\frac{dz}{dx}=\frac{\int\frac{du}{u-e^{x}e^{u}}}{\int\frac{due^{u}}{u^{2}}},$$

car si l'on avait

$$\frac{dz}{dx}=\varphi(x),$$

de l'équation

$$z=x+e^{z}$$

nous déduirions

$$\frac{dz}{dx}=\frac{1}{1-e^{z}}=\varphi(x)$$

et partant

$$z=\log.\left(\frac{\varphi(x)-1}{\varphi x}\right)$$

ce qui est impossible.

Si l'on ne peut pas avoir la valeur de

$$\frac{\int \frac{du}{u-e^x e^u}}{\int \frac{due^u}{u^2}}$$

entre les limites $u=o$, $u=-\infty$, on ne pourra pas avoir le rapport de ces deux intégrales prises indéfiniment. Or je dis qu'il est encore impossible d'intégrer la formule

$$\int \frac{du}{u-e^x e^u},$$

car si l'on avait

$$\int \frac{du}{u-e^x e^u}=F(u,\, e^x)$$

en développant de chaque côté par les puissances de e^x on obtiendrait

$$\alpha+\beta e^x+\gamma e^{2x}+\delta e^{3x}+\text{etc.}=\int \frac{du}{u}+e^x\int \frac{e^u du}{u^2}+e^{2x}\int \frac{e^{2u} du}{u^3}+\text{etc.}$$

et partant

$$\beta=\int \frac{e^u du}{u^2},$$

d'où il s'en suivrait

$$\frac{F(u,e^x)}{\beta}=\frac{\int \frac{du}{u-e^x e^u}}{\int \frac{e^u du}{u^2}}$$

ce qui a été démontré impossible : donc il est impossible d'obtenir en termes finis la valeur de l'intégrale

$$\int \frac{du}{u-Ae^u}$$

étant A une constante arbitraire.

Nous pourrions montrer plusieurs autres formules dont on ne peut pas trouver l'intégrale, mais qui donnent une intégrale particulière étant traitées comme équations différentielles ; mais nous n'exposerons pas ces développemens de notre méthode qui peut se rapprocher de la comparaison des transcendantes.

ARTICLE TROISIEME.

Du rapport qui existe entre le développement d'un polynome et les diviseurs des nombres.

Si l'on prend la différentielle logarithmique du polynome

$$(1+a_1x+a_2x^2\ldots+a_nx^n+\text{ etc.})^m=1+A_1x+A_2x^2\ldots+A_nx^n+\text{etc.}$$

et qu'on réduise au même dénominateur on trouvera

$$A_1=m\,a_1$$
$$2A_2=(m-1)a_1A_1+2\,m\,a_2$$
$$3A_3=(m-2)a_1A_2+(2m-1)a_2A_1+3ma_3$$
$$\cdot\quad\cdot\quad\cdot\quad\cdot\quad\cdot\quad\cdot\quad\cdot\quad\cdot$$
$$nA_n=\Big(m-(n-1)\Big)a_1A_{n-1}+\Big(2m-(n-2)\Big)a_2A_{n-2}+\text{etc.}$$

ces équations écrites ainsi ne laissent appercevoir aucune loi, mais en renversant l'ordre des termes l'on aura

$$A_n=\frac{nma_n}{n}+\Big((n-1)m-1\Big)\frac{A_1a_{n-1}}{n}+\Big((n-2)m-2\Big)\frac{A_2a_{n-2}}{n}$$
$$+\Big((n-3)m-3\Big)\frac{A_3a_{n-3}}{n}+\text{etc.}$$

et substituant les valeurs de

$$A_1,\ A_2,\ A_3\ \ldots\ldots\ \text{etc.}$$

on obtiendra

$$A_n = \frac{nma_n}{n} + \Big((n-1)m-1\Big)\frac{a_{n-1}}{n}(ma_1) + \Big((n-2)m-2\Big)\frac{a_{n-2}}{n}\left(\frac{2ma_2+(m-1)a_1(ma_1)}{2}\right)$$

$$\ldots\ldots + \Big((n-t)m-t\Big)\frac{a_{n-t}}{n}\left(\frac{tma_t+((t-1)m-1)a_{t-1}(ma_1)+\text{etc.}}{t}\right)$$

$$\ldots\ldots + \Big((n-\nu)m-\nu\Big)\frac{a_{n-\nu}}{n}\,\beta_\nu + \text{etc.}$$

Dans cette formule on reconnaîtra aisement la loi, puisque le coefficient β_ν se forme en changeant n en ν dans tous les termes précédens.

On peut exprimer la valeur de A_n par une forme symbolique assez concise, car on a

$$A_n = \Sigma\Big((n-x)m-x\Big)\frac{a_{n-x}}{n}\left(\frac{1-y_x^x}{1-y_x}\right)$$

en faisant $x=n$ après l'intégration, et posant

$$\frac{1-y_0^0}{1-y_0} = 1;$$

pourvu que y_ν^r soit censé être le terme $(r+1)^{me}$ de la suite représentée par cette intégrale où l'on a fait $n=\nu$.

Pour s'en convaincre nous observerons qu'on a

$$\Sigma\Big((n-x)m-x\Big)\frac{a_{n-x}}{n}\left(\frac{1-y_x^x}{1-y_x}\right) = \frac{nma_n}{n}\left(\frac{1-y_0^0}{1-y_0}\right) + \Big((n-1)m-1\Big)\frac{a_{n-1}}{n}\left(\frac{1-y_1^1}{1-y_1}\right)$$

$$+\Big((n-2)m-2\Big)\frac{a_{n-2}}{n}\left(\frac{1-y_2^2}{1-y_2}\right)\ldots\Big((n-t)m-t\Big)\frac{a_{n-t}}{n}\left(\frac{1-y_t^t}{1-y_t}\right) + \text{etc.}$$

$$= \frac{nma_n}{n}\left(\frac{1-y_0^0}{1-y_0}\right) + \Big((n-1)m-1\Big)\frac{a_{n-1}}{n}y_1^0 + \Big((n-2)m-2\Big)\frac{a_{n-2}}{n}\left(y_2^0+y_2^1\right)\ldots$$

$$+\Big((n-t)m-t\Big)\frac{a_{n-t}}{n}\left(y_t^0+y_t^1+y_t^2\ldots+y_t^{t-1}\right)\ldots+\text{etc.}$$

et que si dans la dernière série on fait pour y les changemens dont on a convenu on aura la valeur déjà connue

$$A_n = \frac{nma_n}{n} + \Big((n-1)m-1\Big)\frac{a_{n-1}}{n}(ma_1)$$

$$+\Big((n-2)m-2\Big)\frac{a_{n-2}}{n}\left(\frac{2ma_2+(m-1)a_1(ma_1)}{2}\right) + \text{etc.}$$

Il serait facile d'obtenir pour les nombres de Bernoulli et pour d'autres séries récurrentes des formes caractéristiques semblables à celle qu'on a trouvée ; mais nous nous écarterions trop de notre sujet en les exposant.

Si l'on développe $\frac{1}{1-x^m}$ selon les puissances de x on aura

$$\frac{1}{1-x^m} = 1 + A_1 x + A_2 x^2 \ldots\ldots A_n x^n + \text{etc.},$$

où A_n sera l'unité ou zéro selon que $\frac{n}{m}$ sera un nombre entier ou fractionnaire : pour savoir donc si n est ou n'est pas divisible par m sans recourir à la division on devra chercher le coefficient de x^n dans le développement de $\frac{1}{1-x^m}$.

Pour cela il faut observer que puisqu'on a

$$\frac{1}{1-x^m} = \frac{1+x+x^2+x^3+\text{etc.}}{1+x+x^2+x^3\ldots+x^{m-1}} = (1+x+x^2+x^3\ldots+\text{etc.})(1+B_1x+B_2x^2\ldots+\text{etc.})$$
$$= 1+A_1x+A_2x^2+A_3x^3\ldots+A_nx^n+\text{etc.}$$

il en résultera

$$A_n = 1+B_1+B_2+B_3\ldots+B_n :$$

mais par le développement du polynome qu'on a trouvé on obtiendra

$$B_n = -a_n - a_{n-1}(-a_1) - a_{n-2}\Big(-a_2 - a_1(-a_1)\Big) - a_{n-3}\Big(-a_3 - a_2(-a_2) - a_1(-a_2 - a_1(-a_1))\Big)$$
$$- a_{n-r}\Big(-a_r - a_{r-1}(-a_1) - \text{etc.}\Big) - \ldots\text{etc.}$$

a_{n-r} étant le coefficient de x^{n-r} dans la série

$$1+x+x^2\ldots\ldots+x^{m-1},$$

et par conséquent

$$\begin{array}{llll}
A_n = -a_n - a_{n-1}(-a_1) - a_{n-2}\left(-a_2 - a_1(-a_1)\right) - a_{n-3}\left(-a_3 - a_2(-a_1) - a_1(-a_2 - a_1(-a_1))\right) & & & \text{etc.} \\
\quad -a_{n-1} \qquad -a_{n-2}(-a_1) \qquad\qquad -a_{n-3}\left(-a_2 - a_1(-a_1)\right) & & & -\text{etc.} \\
\qquad\qquad\quad -a_{n-2} \qquad\qquad\qquad\quad -a_{n-3}(-a_1) & & & -\text{etc.} \\
\qquad\qquad\qquad\qquad\qquad\qquad\qquad\quad -a_{n-3} & & & -\text{etc.} \\
\qquad\qquad\qquad\qquad\qquad\qquad\qquad\quad \ldots\ldots\ldots \text{etc.} & & &
\end{array}$$

En faisant usage de nos symboles nous pourrons dire que $\frac{n}{m}$ sera entier ou fractionnaire selon que la valeur de la formule

$$-\Sigma\left(\Sigma\, a_{n-x}\left(\frac{1-y_x^x}{1-y^x}\right)\right)$$

(où l'on doit intégrer par rapport à x et à $n-x$) est l'unité ou zéro.

Euler multiplia par $\frac{-dx}{x}$ l'équation

$$z = x\int 1 + x^2\int 2 + x^3\int 3 \ldots + x^n\int n + \text{etc.} = \frac{x}{1-x} + \frac{2x^2}{1-x^2} + \frac{3x^3}{1-x^3} \ldots + \frac{nx^n}{1-x^n} + \text{etc.}$$

où $\int n$ représente la somme des diviseurs de n, et ayant intégré il obtint

$$-\int \frac{zdx}{x} = \log.\left\{(1-x)(1-x^2)(1-x^3)\ldots\ldots(1-x^n)\ldots\ldots \text{etc.}\right\}$$

et puisque

$$(1-x)(1-x^2)(1-x^3)\ldots\ldots(1-x^n)\ldots\ldots\text{etc.} = 1 - x - x^2 + x^5 + x^7 \ldots\ldots \pm x^{\frac{3z^2 \pm z}{2}} \ldots\ldots \text{etc.}$$

il eut

$$z = x\int 1 + x^2\int 2 + x^3\int 3 \ldots + x^n\int n + \text{etc.} = \frac{x + 2x^2 - 5x^5 - 7x^7 \ldots \pm \frac{1}{2}(3z^2 \pm z)x^{\frac{3z^2 \pm z}{2}} \ldots\ldots \text{etc.}}{1 - x - x^2 + x^5 + x^7 \ldots \pm x^{\frac{3z^2 \pm z}{2}} \ldots\ldots \text{etc.}}$$

d'où en réduisant au même dénominateur il trouva

$$\int n = \int(n-1) + \int(n-2) - \int(n-5) - \int(n-7) \ldots \pm \int\left(n - \frac{3z^2 \pm z}{2}\right) \ldots \text{etc};$$

en observant que lorsque n est de la forme $\frac{3x^2 \pm x}{2}$ on doit faire le dernier terme $\int(n-n) = n$.

Si au lieu de réduire au même dénominateur on développe le polynome

$$\left(1 - x - x^2 + x^5 + x^7 \ldots\ldots \pm x^{\frac{3z^2 \pm z}{2}} \ldots\ldots \text{etc.}\right)^{-1}$$

on aura

$$\begin{aligned}
\int m = & -a_{m-1} - a_{m-2}(-a_1) - a_{m-3}\left(-a_2 - a_1(-a_1)\right) - \text{etc.} \\
& +2\left\{-a_{m-2} - a_{m-3}(-a_1) - a_{m-4}\left(-a_2 - a_1(-a_1)\right) - \text{etc.}\right\} \\
& -5\left\{-a_{m-5} - a_{m-6}(-a_1) - a_{m-7}\left(-a_2 - a_1(-a_1)\right) - \text{etc.}\right\} \\
& -7\left\{-a_{m-7} - a_{m-8}(-a_1) - a_{m-9}\left(-a_2 - a_1(-a_1)\right) - \text{etc.}\right\} \\
& \ldots\ldots\ldots\ldots\ldots\ldots\ldots \\
& \pm\left(\frac{3z^2 \pm z}{2}\right)\left\{-a_{m-\frac{3z^2 \pm z}{2}} - a_{m-\frac{3z^2 \pm z}{2}-1}(-a_1) - a_{m-\frac{3z^2 \pm z}{2}-2}\left(-a_2 - a_1(-a_1)\right) - \text{etc.}\right\} \\
& \ldots\ldots\ldots\ldots \text{etc.}
\end{aligned}$$

a_{m-n} étant le coefficient de x^{m-n} dans la série

$$1-x-x^2+x^5+x^7\ldots\pm x^{\frac{3z^2\pm z}{2}}\ldots\ldots \text{etc.}$$

On peut de la même manière obtenir cette relation assez simple

$$\int m=N(m-1)+2N(m-2)-5N(m-5)-7N(m-7)\ldots\pm\left(\frac{3z^2\pm z}{2}\right)N\left(m-\frac{3z^2\pm z}{2}\right)$$

. . . . . . etc.

$N\,(m-n)$ étant le nombre des solutions entières et positives de l'équation

$$m-n=y_1+2y_2+3y_3+4y_4\ldots+(m-n)\,y_{m-n}.$$

ARTICLE QUATRIÈME

Démonstration de quelques expressions des diviseurs des nombres par les intégrales.

On démontre aisément que la somme des puissances n^{mes} des racines des équations

$$x-1=0\,,\ x^2-1=0\,,\ x^3-1=0\,,\ \ldots\ x^n-1=0\,,$$

est égale à la somme des diviseurs de n : donc en exprimant ces racines en fonctions circulaires on aura

$$\int n=1$$

$$+1+\left(\cos\frac{2\pi}{2}+\sqrt{-1}\sin\frac{2\pi}{2}\right)^n$$

$$+1+\left(\cos\frac{2\pi}{3}+\sqrt{-1}\sin\frac{2\pi}{3}\right)^n+\left(\cos\frac{4\pi}{3}+\sqrt{-1}\sin\frac{4\pi}{3}\right)^n$$

. . . .

$$+1+\left(\cos\frac{2\pi}{n}+\sqrt{-1}\sin\frac{2\pi}{n}\right)^n+\left(\cos\frac{4\pi}{n}+\sqrt{-1}\sin\frac{4\pi}{n}\right)^n\ldots\ldots$$

$$+\left(\cos\frac{2(n-1)}{n}\pi+\sqrt{-1}\sin\frac{2(n-1)}{n}\pi\right)^n$$

$$=\frac{e^{2n\pi\sqrt{-1}}-1}{e^{2n\pi\sqrt{-1}}-1}+\frac{e^{2n\pi\sqrt{-1}}-1}{e^{\frac{2n\pi\sqrt{-1}}{2}}-1}+\frac{e^{2n\pi\sqrt{-1}}-1}{e^{\frac{2n\pi\sqrt{-1}}{3}}-1}\ldots+\frac{e^{2n\pi\sqrt{-1}}-1}{e^{\frac{2n\pi\sqrt{-1}}{n}}-1}=n+\Sigma\frac{e^{2n\pi\sqrt{-1}}-1}{e^{\frac{2n\pi\sqrt{-1}}{x}}-1}$$

en intégrant entre les limites $x=1$, $x=n$.

L'expression $\Sigma\frac{e^{2n\pi\sqrt{-1}}-1}{e^{\frac{2n\pi\sqrt{-1}}{x}}-1}$

peut se transformer en

$$\Sigma\left(\Sigma e^{\frac{2n\pi}{x}y\sqrt{-1}}\right)$$

en faisant $y=x$ après la première intégration, et en effectuant la seconde entre les limites $x=1$, $x=n$.

Si l'on ôte les imaginaires de cette dernière formule, et qu'on représente par un seul Σ la double intégration on aura

$$\int n=n+\Sigma\cos\frac{2ny\pi}{x}.$$

On peut démontrer d'une manière semblable que si $\delta(n)$ est le nombre des diviseurs de n on obtiendra entre les mêmes limites

$$\delta(n)=1+\Sigma\frac{1}{x}\cos\frac{2ny\pi}{x}.$$

Il résulte de ce que nous avons trouvé que lorsque m est un nombre premier on a les équations

$$\Sigma\cos\frac{2my\pi}{x}=1,$$

$$\Sigma\frac{1}{x}\cos\frac{2my\pi}{x}=1,$$

qui cessent d'être vraies lorsque m est un nombre composé.

On peut transformer ces expressions en intégrales définies à l'aide des formules de l'article premier, et on aura

$$\int m = m + \frac{1}{2\pi}\int du \int dz \left\{ \left(\frac{e^{2m\pi\sqrt{-1}}-1}{e^{\frac{2m\pi\sqrt{-1}}{m+z^{u\sqrt{-1}}}}-1} \right) \frac{z^{e^{u\sqrt{-1}}}}{e^{u\sqrt{-1}}} \left(\frac{1-z^m}{1-z} \right) + \left(\frac{e^{2m\pi\sqrt{-1}}-1}{e^{\frac{2m\pi\sqrt{-1}}{m+z^{-u\sqrt{-1}}}}-1} \right) \frac{z^{e^{-u\sqrt{-1}}}}{e^{-u\sqrt{-1}}} \left(\frac{1-z^m}{1-z} \right) \right\}$$

$$+ \frac{1}{2\pi}\int du \int dz \left\{ \left(\frac{e^{2m\pi\sqrt{-1}}-1}{1-e^{\frac{2m\pi\sqrt{-1}}{1+e^{u\sqrt{-1}}}}} \right) \frac{z^{e^{u\sqrt{-1}}}}{e^{u\sqrt{-1}}} + \left(\frac{e^{2m\pi\sqrt{-1}}-1}{1-e^{\frac{2m\pi\sqrt{-1}}{1+e^{-u\sqrt{-1}}}}} \right) \frac{z^{e^{-u\sqrt{-1}}}}{e^{-u\sqrt{-1}}} \right\};$$

$$\delta(m) = 1 + \frac{1}{2\pi}\int du \int dz \left\{ \begin{array}{l} \left(\frac{e^{2m\pi\sqrt{-1}}-1}{e^{\frac{2m\pi\sqrt{-1}}{m+e^{u\sqrt{-1}}}}-1} \right) \frac{z^{e^{u\sqrt{-1}}}}{e^{u\sqrt{-1}}\left(m-e^{u\sqrt{-1}}\right)} \left(\frac{1-z^m}{1-z} \right) \\ + \left(\frac{e^{2m\pi\sqrt{-1}}-1}{e^{\frac{2m\pi\sqrt{-1}}{m+e^{-u\sqrt{-1}}}}-1} \right) \frac{z^{e^{-u\sqrt{-1}}}}{e^{-u\sqrt{-1}}\left(m+e^{-u\sqrt{-1}}\right)} \left(\frac{1-z^m}{1-z} \right) \end{array} \right\}$$

$$+ \frac{1}{2\pi}\int du \int dz \left\{ \begin{array}{l} \left(\frac{e^{2m\pi\sqrt{-1}}-1}{1-e^{\frac{2m\pi\sqrt{-1}}{1+e^{u\sqrt{-1}}}}} \right) \frac{z^{e^{u\sqrt{-1}}}}{e^{u\sqrt{-1}}\left(1+e^{u\sqrt{-1}}\right)} \\ + \left(\frac{e^{2m\pi\sqrt{-1}}-1}{1-e^{\frac{2m\pi\sqrt{-1}}{1+e^{-u\sqrt{-1}}}}} \right) \frac{z^{e^{-u\sqrt{-1}}}}{e^{-u\sqrt{-1}}\left(1+e^{-u\sqrt{-1}}\right)} \end{array} \right\};$$

en intégrant entre les limites

$$u=0\,,\quad u=\pi\,,$$
$$z=0\,,\quad z=1\,.$$

Pour trouver $\int n$ et $\delta(n)$ on peut encore partir d'autres principes. Si l'on fait

$$\Sigma \frac{1}{1-a^{x+1}} = 1 + A_1 a + A_2 a^2 + A_3 a^3 \ldots\ldots + A_n a^n + \text{etc.}$$

$$\Sigma \frac{(x+1)}{1-a^{x+1}} = 1 + B_1 a + B_3 a^2 + B_3 a^3 \ldots\ldots + B_n a^n + \text{etc.}$$

on aura

$$A_n = \delta(n),$$

$$B_n = \int n,$$

les valeurs de A_n et de B_n peuvent se trouver aisément par les formules de l'article premier. Les deux fonctions $\delta(n)$ et $\int n$ peuvent être données encore par une équation aux différences ; mais ce n'est pas ici le lieu d'exposer ces détails.

ARTICLE CINQUIÈME.

Exposition d'un principe général qui renferme toute la théorie des nombres.

Étant donné une équation à résoudre en nombres rationnels, on peut toujours la préparer de manière que tous les nombres qu'on cherche doivent être entiers et positifs et que les coefficiens soient entiers ; on peut faire de même abstraction des valeurs des inconnues égales à zéro, car on peut toujours les trouver séparément. Cela étant nous représenterons par

$$\varphi\ (x, y, z \ldots \text{etc.})$$

une équation quelconque préparée à notre manière.

Si dans cette équation on substitue pour x, y, z ... etc. tous les nombres entiers depuis zéro jusqu'à l'infini, en faisant toutes les combinaisons possibles nous aurons toutes les solutions de la proposée, mais comme on ne peut pas faire toutes ces combinaisons, on ne pourra pas savoir si elle est ou n'est point résoluble. Le problème est donc réduit à ce-ci. Étant donnée la fonction

$$\varphi\ (x, y, z \ldots \text{etc.})$$

trouver combien de fois elle a été zéro en donnant à x, y, z ...... etc. toutes les valeurs entières comprises entre zéro et l'infini.

Pour parvenir à notre but il faut chercher une telle fonction de

$$\varphi\ (x, y, z \ldots\ldots \text{etc.})$$

que les valeurs qui s'obtiennent lorsque

$$\varphi\ (x, y, z \ldots\ldots \text{etc.})$$

n'est pas zéro soient incomparables avec celles qui résultent de

$$\varphi\ (x, y, z \ldots\ldots \text{etc.}) = 0$$

de sorte que les unes soient distinguées des autres d'une manière sûre. Cela peut s'obtenir de plusieurs manières que nous allons exposer en observant auparavant que si lorsqu'on cherche des nombres entiers on peut résoudre le problème par approximation, ce sera la même chose que de l'avoir résolu exactement, car il suffit de nous approcher de manière que la différence soit plus petite que $\frac{1}{2}$ pour connaître le nombre cherché.

Étant donnée la formule

$$e^{-a(x+y+z\,\ldots\ldots+\text{etc.})}$$

si nous prenons pour x, y, z ..... etc. tous les nombres entiers

$$1,\ 2,\ 3\ \ldots\ldots\ \text{etc.}$$

jusqu'à l'infini, nous pourrons exprimer ainsi la somme des infinies séries qui en résultent

$$\Sigma\, e^{-ax}.\ \Sigma\, e^{-ay}.\ \Sigma\, e^{-az}\ldots\ \text{etc.}$$

en intégrant entre les limites

$$x=y=z\ \ldots\ \text{etc.} = 1$$

$$x=y=z\ \ldots\ \text{etc.} = \infty$$

et n étant le nombre des inconnues l'on aura

$$\Sigma\, e^{-ax}\ \Sigma\, e^{-ay}\ \Sigma\, e^{-az}\ \ldots\ \text{etc.} = \frac{1}{(e^a-1)^n}$$

où en faisant a très-grand la valeur de

$$\frac{1}{(e^a-1)^n}$$

sera très-petite. Si au lieu de

$$\Sigma\, e^{-ax}\ \Sigma\, e^{-ay}\ \Sigma\, e^{-az}\ \ldots\ \text{etc.}$$

on a

$$\Sigma\, e^{-Aax}\ \Sigma\, e^{-Aay}\ \Sigma\, e^{-Aaz}\ \ldots\ldots\ \text{etc.}$$

A étant un nombre entier variable fonction de $x, y, z\ldots$ etc., il est certain que la valeur de ces intégrales diminuera à moins que A ne devienne zéro, car dans ce cas l'on trouvera

$$e^{-Aax} = e^0 = 1$$

et la valeur de l'intégrale augmentera. Donc

$$\frac{1}{(e^a-1)^n}$$

étant très-petit, la valeur de

$$\Sigma e^{-Aax} \Sigma e^{-Aay} \Sigma e^{-Aaz} \ldots\ldots \text{etc.}$$

représentera à très-peu-près le nombre de fois que A est devenu zéro ; et comme ce nombre est un entier, on cherchera le nombre entier le plus proche de la valeur de

$$\Sigma e^{-Aax} \Sigma e^{-Aay} \Sigma e^{-Aaz} \ldots\ldots \text{etc.}$$

et l'on aura le nombre de fois que A a été zéro. La fonction

$$\Sigma\, e^{-a(x+y+z \ldots\ldots \text{etc.})\,\overline{\varphi(x, y, z \ldots \text{etc.})}^2}$$

est telle que chaque fois que l'équation

$$\varphi\ (x,\ y,\ z \ldots\ldots \text{etc.}) = 0$$

sera satisfaite l'on aura l'unité, et la somme de toutes les autres valeurs sera moindre que

$$\frac{1}{(e^a - 1)^n}.$$

Donc l'on aura ce théorème.

» Le nombre des solutions de l'équation

» $\varphi\ (x,\ y,\ z \ldots\ldots \text{etc.}) = 0$

» est représenté par le nombre entier moindre le plus

» proche de

» $\Sigma\, e^{-a(x+y+z \ldots \text{etc.})\,\overline{\varphi(x, y, z \ldots\ldots \text{etc.})}^2}$

» en intégrant entre les limites

» $x=y=z \ldots\ldots \text{etc.} = 1,$

» $x=y=z \ldots\ldots \text{etc.} = \infty.$ »

Si l'on voulait, par exemple le nombre des solutions entières et positives de l'équation

$$Ax^m + By^n + Cz^r = 0,$$

on aurait à intégrer la formule

$$\Sigma\, e^{-a(x+y+z)(Ax^m+By^n+Cz^r)^2}$$

entre les limites $x=y=z=1$

$$x=y=z=\infty.$$

Si l'on faisait dans cette expression

$$m=n=r>2$$
$$A=B=-C=1$$

nous serions dans le cas du théorème de Fermat, qui serait démontré si l'on pouvait prouver que la valeur de la formule

$$\Sigma\, e^{-a(x+y+z)(x^m+y^m-z^m)^2}$$

n'est point infinie.

En réduisant à ces formules un théorème que nous avons démontré pour la première fois ailleurs.

» Qu'un nombre entier est toujours la somme de six
» cubes entiers d'une infinité de manières »

nous aurons que la valeur de la formule

$$\Sigma\, e^{-a(x_1+x_2+x_3+x_4+x_5+x_6)(x_1^3\pm x_2^3\pm x_3^3\pm x_4^3\pm x_5^3\pm x_6^3-n)^2},$$

en intégrant entre les limites

$$x_1=x_2=x_3=x_4=x_5=x_6=1,$$
$$x_1=x_2=x_3=x_4=x_5=x_6=\infty,$$

est toujours infinie pourvu que n soit un nombre entier quelconque.

Nous avons de cette manière exprimé le nombre des solutions de l'équation

$$\varphi\,(x\,,\,y\,,\,z\,.\,.\,.\,.\,.\,\text{etc.}\,) = 0\,;$$

mais pour la résoudre cela ne suffirait pas même si l'on pouvait intégrer les formules que nous avons obtenues, et il faut chercher encore quelque autre fonction de $x, y, z \ldots$ etc. qui puisse nous servir à trouver les valeurs des inconnues : à cet objet cherchons la somme des valeurs de x par lesquelles l'équation

$$\varphi\,(x\,,\,y\,,\,z\,.\,.\,.\,.\,.\,\text{etc.}\,) = 0$$

est satisfaite. La valeur de la formule

$$\Sigma\, x e^{-a(x+y+z\,\ldots\ldots\,\text{etc.})\overline{\varphi(x,y,z\,\ldots\ldots\,\text{etc.})}^2},$$

en intégrant entre les limites

$$x=y=z\,.\,.\,.\,.\,.\,=1$$
$$x=y=z\,.\,.\,.\,.\,.\,=\infty$$

représente à très-peu-près la somme des valeurs de x qui satisfont à notre équation.

Lorsque le problème a un nombre limité de solutions la méthode que nous avons exposé, suffit pour les représenter toutes, mais si l'équation proposée peut être resolue d'une infinité de manières, il ne sert à rien de connaître le nombre et la somme des racines qui sont deux quantités infinies. Dans ce cas il faut recourir à d'autres moyens. On peut par exemple chercher la valeur de l'intégrale

$$\Sigma\, e^{-a(x+y+z\,\ldots\ldots\,\text{etc.})\overline{\varphi(x,y,z\,\ldots\ldots\,\text{etc.})}^2}$$

prise entre les limites

$$x=y=z\,.\,.\,.\,.\,.\,=1$$
$$x=y=z\,.\,.\,.\,.\,.\,=n\,,$$

n étant un nombre très-grand : on s'appercevra si quelque solution est comprise entre zéro et n ; s'il n'y en à pas, on cherchera la valeur de la même formule en intégrant entre les limites

$$x=y=z\ .\ .\ .\ .\ .=n$$
$$x=y=z\ .\ .\ .\ .\ .=n^2$$

et ainsi de suite jusqu'à ce que on ait obtenu quelque solution, ce qui ne tardera pas à arriver

$$n\ ,\ n^2,\ n^3\ .\ .\ .\ .\ .\ \text{etc.}$$

étant des nombres très-grands et le nombre des solutions étant infini.

Cette méthode a le défaut de ne pas montrer combien de tentatives il faut faire pour obtenir une solution.

La fonction

$$\Sigma \frac{1}{x^2 y^2 z^2 \ldots\ldots \varphi\,(x, y, z \ldots\ldots \text{etc.})^2}$$

où l'on doit intégrer entre les limites

$$x=y=z\ .\ .\ .\ .\ .=1$$
$$x=y=z\ .\ .\ .\ .\ .=\infty$$

est moindre que

$$\frac{\pi^{2p}}{6^p},$$

p étant le nombre des inconnues, si l'équation

$$\varphi\ (x\ ,\ y\ ,\ z\ .\ .\ .\ .\ .\ \text{etc.}\ )\ =\ 0$$

n'est point résoluble ; elle est infinie lorsque cette équation a quelque solution.

Ainsi lorsque

$$\varphi\ (x\ ,\ y\ ,\ z\ .\ .\ .\ .\ .\ \text{etc.}\ )\ =\ 0$$

a une infinité de solutions, l'on pourra chercher l'expression de la fonction

$$\Sigma \frac{1}{x^2 y^2 z^2 \ldots . \varphi(x, y, z \ldots . \text{etc.})^2}$$

en intégrant entre les limites

$$x = y = z \ldots . . = 1$$
$$x = y = z \ldots . . = n,$$

et déterminant n par l'équation

$$\frac{1}{\Sigma \frac{1}{x^2 y^2 z^2 \ldots . \varphi(x, y, z \ldots . \text{etc.})}} = 0;$$

mais cette équation sera impossible à résoudre.

On peut chercher encore le nombre des solutions de l'équation

$$\varphi(x, y, z \ldots . . \text{etc.}) = 0$$

par la formule

$$\Sigma \sqrt{\frac{}{\varphi(x, y, z \ldots . \text{etc.})^2} - 1}$$

en intégrant entre les limites

$$x = y = z \ldots . . \text{etc.} = 1$$
$$x = y = z \ldots . . \text{etc.} = \infty,$$

car en reduisant la valeur de l'intégrale à la forme

$$A + B\sqrt{-1}$$

B sera exactement le nombre des solutions de l'équation proposée.

Avec les formules que nous avons indiquées on peut réprésenter les fonctions numériques les plus transcendantes; mais il convient quelque fois de recourir à des expressions plus simples ; par exemple la formule

$$\frac{\sin 2\left(1.2.3.4\ldots(p-1)+1-\frac{1.3.4\ldots.(p-1)+1}{p}\right)\pi+\sin\left(\frac{1.2.3\ldots(p-1)+1}{p}\right)\pi}{\sin\left(\frac{1.2.3\ldots.(p-1)+1}{p}\right)\pi}$$

représente exclusivement tous les nombres premiers comme il est facile de s'en persuader.

On pourrait joindre ici beaucoup d'observations sur les diviseurs des nombres et les nombres premiers, et montrer que leur théorie est renfermée dans celle des fonctions circulaires ; mais il suffit à présent des apperçus que nous avons donnés dans l'article quatrième et dans celui-ci, et nous nous reservons à une autre fois de reprendre ce sujet et de montrer comment on peut lier nos idées avec les découvertes que M. Gauss a exposées dans ses Recherches Arithmétiques et dans les Commentaires de Gottingue.

www.ingramcontent.com/pod-product-compliance
Ingram Content Group UK Ltd.
Pitfield, Milton Keynes, MK11 3LW, UK
UKHW020219180726
13838UKWH00005B/2091

9 782329 38312